MÉTHODE NOUVELLE

SIMPLE, PROMPTE ET ÉMINEMMENT GÉNÉRALE

DE RÉSOLUTION DES ÉQUATIONS COMPLEXES

DE DEGRÉS QUELCONQUES.

Châlons-sur-Marne, typ. LAURENT.

MÉTHODE NOUVELLE,

SIMPLE, PROMPTE

ET ÉMINEMMENT GÉNÉRALE

DE RÉSOLUTION

DES ÉQUATIONS COMPLEXES DE DEGRÉS QUELCONQUES.

~~⁓⧼⧽⁓~~

OPUSCULE

Par L.-A. DESNOS,

Fonctionnaire retraité, ancien élève de l'Ecole d'arts et métiers de Châlons.

———⧼⧽———

PARIS,

SCHULTZ ET THUILLIÉ, libraires,
12, rue de Seine-St-Germain.

CHALONS,

E. LAURENT, imprimeur-libraire,
rue d'Orfeuil, 14-16.

1857.

DE LA RÉSOLUTION

Des Équations complexes de degrés quelconques.

———◦◦◦———

1. L'ALGÈBRE qui a surmonté tant de difficultés qu'on ne pouvait vaincre avec le seul secours des chiffres, n'est cependant pas exempte de lacunes. Mise en présence d'une équation de degré élevé, de termes nombreux et variés, et ne comportant que des racines incommensurables, elle serait impuissante, bien qu'elle donne théoriquement des moyens de résolution; mais, dans la pratique, ces moyens nécessitent souvent des opérations si longues, si compliquées, si laborieuses, qu'elles en deviennent inexécutables.

2. Le problème dont je me propose de donner la solution, est celui-ci : *Une équation étant dictée au hasard, trouver, par la simple inspection de ses termes, si elle est absurde, ou si elle ne l'est pas; si elle ne peut avoir qu'une racine réelle, ou si elle peut en avoir plusieurs; et, dans le cas où, d'après son aspect, il serait reconnu qu'elle n'est pas absurde, arriver, par une méthode simple, prompte, facile et éminemment générale, à la connaissance de la valeur ou des valeurs de l'inconnue, en nombres commensurables, ou en nombres approchés, selon la nature de l'équation.*

Je me propose aussi d'indiquer une formule qui me paraît convenir pour représenter les valeurs de x dans l'équation :

$$Bx^h - Dx^m + Ex^n \ldots\ldots = A,$$

équation dans laquelle les lettres B, D, E, h, m, n peuvent être remplacées par des nombres entiers, par des nombres fractionnaires, ou enfin par des fractions proprement dites, différant, tous, autant qu'on voudra, les uns des autres.

Mais pour qu'une telle formule puisse être indiquée, il faut qu'il existe *un procédé, généralement applicable, de détermination arithmétique de racines*, tout comme il en existe pour obtenir la valeur numérique des expressions $a + b$, $a - b$, $a \times b$, $a : b$, a^b, $\sqrt[b]{a}$, quand on substitue des nombres aux lettres.

3. Pour montrer que le procédé que j'emploierai remplit la condition exigée, je commencerai par extraire une racine de chacune des équations ci-après, dans lesquelles j'ai varié, à dessein, les signes, les coefficiens et les exposans. Voici ces équations :

$$x^6 + x^4 + 5x^2 = 855,$$
$$x^3 - 2x = 56,$$
$$- x^3 + 11x^2 = 150,$$
$$x^3 + \frac{1}{2}x^2 + \frac{5}{2}x = 1,5,$$
$$x^{\frac{5}{2}} + x^{\frac{4}{3}} = 768.$$

4. J'extrairai, après, trois racines positives de l'équation :
$$x^3 - 19x^2 + 120x = 252;$$

5. Et trois, négatives, de l'équation :
$$- x^3 - 12x^2 - 47x = 60.$$

6. J'indiquerai, ensuite, la manière de reconnaître, par le simple aspect d'une équation, si elle est absurde, ou soluble ; si elle ne peut avoir qu'une racine réelle, ou si elle peut en avoir plusieurs ; enfin je m'occuperai de la détermination des facteurs de degré pair, et de celle des facteurs imaginaires du premier degré ; de la détermination des limites des racines ; puis des équations à plusieurs inconnues.

7. Avant d'entreprendre la résolution des équations des n°s 3, 4 et 5, je conviendrai d'appeler équations incomplexes celles

où l'inconnue n'est affectée que d'un seul exposant; exemple :
$x^m = A$; et équations complexes, celles où l'inconnue est affectée de plusieurs exposants différents; exemple : $x^m + x^n = A$.
Partant de là, j'appellerai extraction incomplexe de racine, l'opération qui aurait pour but, m, n, et A représentant des quantités
connues, de déterminer numériquement la valeur de x, dans
$x^m = A$; et extraction complexe de racine, l'opération qui me
ferait connaître la valeur numérique de x, dans $x^m + x^n = A$.

8. Cela posé, si j'avais à résoudre l'équation incomplexe
$x^2 = A$, je tirerais $x = \pm\sqrt{A}$; et je pourrais extraire, par le procédé connu, la racine carrée du nombre représenté par A.

9. Si j'avais $x^3 = A$, je tirerais $x = \sqrt[3]{A}$; et je ferais, peut-
être, une extraction directe de racine cubique; peut-être aussi,
emploierais-je un moyen plus expéditif.

10. Mais si j'avais $x^{17} = A$, d'où $x = \sqrt[17]{A}$, certes je n'essaie-
rais pas de faire l'opération compliquée d'une extraction directe de
racine 17e : je recourrais à ce merveilleux levier du calcul, dont
le point d'appui est un nombre donné, appelé base; et dont les
bras, auxquels on applique, tour-à-tour, la résistance et la puissance, sont : d'un côté, une série de nombres; et de l'autre, une
suite d'exposans : en un mot, j'emploierais les logarithmes.
C'est précisément ce puissant levier qui me servira à résoudre
facilement et promptement toute espèce d'équation.

L'emploi que je me propose d'en faire, me paraît, d'ailleurs,
tout-à-fait normal, tout-à-fait rationnel : car certains professeurs
donnent la théorie des logarithmes dans les complémens d'Arithmétique; d'autres, dans les premiers élémens d'Algèbre. En
tous cas, les logarithmes peuvent être vus et parfaitement compris avant qu'on ne passe aux équations complexes de degrés
supérieurs. S'en servir pour apprendre à extraire les racines des

équations complexes de degrés supérieurs, ce serait donc utiliser une chose qu'on connaîtrait, dans l'étude d'une chose qu'on ignorerait : autrement dit, ce serait passer du connu à l'inconnu.

A la vérité, si les logarithmes sont essentiellement propres à l'extraction des racines incomplexes, on ne voit pas qu'ils puissent servir à tirer la valeur de l'inconnue dans une équation comme :

$$x^7 + 9x^5 + 15x^{\frac{3}{4}} \ldots = A.$$

11. Cependant, supposons que le logarithme de x^7 soit L ; les logarithmes des puissances d'une même racine étant proportionnels aux exposans, on aura :

$$L : log \; x^5 :: 7 : 5,$$

ce qui donne :

$$log \; x^5 = \frac{L \times 5}{7} \; ;$$

et le logarithme de $9x^5$ sera :

$$log \; 9 + \frac{L \times 5}{7}.$$

On aura aussi :

$$L : log \; x^{\frac{3}{4}} :: 7 : \frac{3}{4},$$

ou :

$$log \; x^{\frac{3}{4}} = \frac{L \times \frac{3}{4}}{7} = \frac{L \times 3}{28} \; ;$$

et le logarithme de $15x^{\frac{3}{4}}$ sera :

$$log \; 15 + \frac{L \times 3}{28}.$$

Mais il resterait à effectuer les calculs indiqués par les signes des termes de l'équation ; et, avant tout, comme rien ne peut, de prime abord, faire connaître L, il faudrait un moyen d'assigner, provisoirement, à un des termes inconnus de l'équation, une valeur convenable : c'est-à-dire qui ne fût ni démesurément trop grande, ni démesurément trop petite ; enfin, cette valeur

étant assignée, il faudrait encore pouvoir, par certaines opérations, parvenir promptement à la ramener à ce qu'elle devrait être
pour qu'en effectuant les calculs indiqués par les signes des
termes de l'équation, on trouvât exactement le nombre représenté par A. Ce sont ces trois opérations que je vais faire, et l'on
comprend déjà que, s'il est possible de les exécuter pour une
seule équation, cela sera aussi possible pour toute espèce d'équation : rien n'est plus facile, en effet, que de représenter tel coefficient ou tel exposant qu'on veut par le moyen des logarithmes ;
et d'effectuer, ensuite, toujours par le moyen de ces derniers, tel
calcul qu'on a en vue.

Manière d'assigner provisoirement une valeur convenable à un des termes inconnus de l'équation.

12. Pour assigner cette valeur, je ne connais pas de moyen
plus expéditif et en même temps plus naturel, que de supposer
un instant nuls tous les termes inconnus, excepté celui qui,
parmi ceux de même signe que le terme connu, contient l'exposant le plus élevé. De la sorte, la valeur du terme connu devient
celle du terme qui n'a pas été supposé nul.

13. D'un autre côté, pour que le terme connu soit toujours
positif, je changerai, au besoin, les signes de tous les termes de
l'équation, ce qui n'altère pas l'égalité des membres. Je ferai
connaître le motif de ce changement un peu plus loin (n° 41).

14. D'après ce que je viens de dire, dans l'équation :
$$x^6 + x^4 + 5x^2 = 855 \text{ (voir n° 3)},$$
ce sera au terme x^6 que j'attribuerai provisoirement la valeur 855.

Dans l'équation :
$$x^3 - 2x = 56 \text{ (voir le même numéro)},$$
ce sera le terme x^3 que je supposerai provisoirement égal à 56.

Dans l'équation :

$$-x^3 + 11x^2 = 150 \text{ (voir encore le même numéro)},$$

ce sera le terme $+11x^2$ que je ferai provisoirement égal à 150.

De cette manière, tantôt la valeur provisoirement attribuée à un des termes inconnus, sera trop forte; tantôt, trop faible; mais, par de très-simples opérations, elle sera promptement ramenée à ce qu'elle doit être. C'est ce que je ferai voir un peu plus loin.

Manière d'effectuer les calculs indiqués par les signes des termes de l'équation.

Plusieurs moyens pourraient être employés; mais, le plus simple, le plus expéditif, me paraît être celui que je vais indiquer par un exemple.

15. Auparavant, je conviendrai de représenter les fractions par l'excès du logarithme du dénominateur sur celui du numérateur, en mettant le signe *moins* au-dessus de la virgule pour éviter toute confusion avec d'autres signes qui me seront ultérieurement nécessaires. De la sorte, le logarithme de la fraction $\frac{5}{8}$ sera :

$$log. \ 5 - log. \ 8 = 0,69897 - 0,90309 = 0,\overline{2}0412,$$

ce qui correspond, d'après la table, à $\frac{1}{1,6} = 0,625$.

Cette manière de représenter les fractions est la plus commode, quand il y a des racines à extraire.

Je conviendrai aussi que le signe $\Big|+$ signifiera que la quantité représentée par le logarithme qui le suivra, devra être additionnée, et non le logarithme; et que le signe $\Big|-$ signifiera que la quantité représentée par le logarithme qui le suivra, devra être soustraite, et non le logarithme.

16. Cela posé, le logarithme 1,20412 étant celui d'un nombre élevé à la 4e puissance, ajouter, à cette 4e puissance, deux fois le carré de sa racine 4e, et en retrancher le quart de la même racine.

J'aurai :

$$1,20412 : log. \text{ du carré} :: 4 : 2,$$

$$log. \text{ du carré} = \frac{1,20412 \times 2}{4} = 0,60206,$$

$$log. \text{ de 2 carrés} = log.\ 2 + 0,60206 = 0,30103 + 0,60206 = 0,90309.$$

J'aurai aussi :

$$1,20412 : log. \text{ de la racine } 4^e :: 4 : 1,$$

$$log. \text{ de la racine } 4^e = \frac{1,20412 \times 1}{4} = 0,30103,$$

$$log.\ \tfrac{1}{4} \text{ de la racine } 4^e = log.\ \tfrac{1}{4} + 0,30103 = \overline{0},60206 + 0,30103 = \overline{0},30103.$$

Si ensuite je représente, par x, le nombre cherché, j'aurai :

$$x = \left| + 1,20412 \right| + 0,90309 \left| - \overline{0},30103 \right.,$$

et en cherchant, au moyen de la table, les nombres qui correspondent à ces derniers logarithmes, il viendra :

$$x = 16 + 8 - \frac{1}{2} = 23 + \frac{1}{2}.$$

Manière de ramener promptement, à ce qu'elle doit être, la valeur provisoirement attribuée à un terme inconnu de l'équation.

17. Le moyen que j'emploierai afin de ramener promptement la valeur dont il s'agit à ce qu'elle doit être pour satisfaire à l'équation, consiste en ce qu'il y a de plus simple.

18. *Comme on le démontre en algèbre, quand deux valeurs mises à la place de l'inconnue produisent des résultats contraires : c'est-à-dire, l'un plus grand et l'autre plus petit que le terme à égaler, il y a, au minimum, une racine entre les deux valeurs qui ont produit ces résultats.*

Mais, par le moyen donné au n° 12, j'obtiendrai d'abord un résultat plus grand ou plus petit que le terme à égaler. Pour en obtenir ensuite un contraire, je me servirai de divisions ou de multiplications par 2, selon le cas. Ce sont ces opérations si faciles, si peu laborieuses, qui me feront connaître promptement et sûrement les racines des équations les plus compliquées : soit commensurables en nombres entiers ou en fractions, lorsqu'elles le seront; soit approchées, dans le cas contraire. De plus, ces simples moyens me mettront à même d'apprécier, à chaque pas que je ferai dans les calculs, le degré d'approximation que j'aurai atteint.

Je viens de dire que j'obtiendrai promptement les racines par les opérations que j'ai indiquées : on sait, en effet, avec quelle promptitude on arrive d'une petite quantité à une grande, par des multiplications par 2; ou d'une grande à une petite, par des divisions par 2. L'inventeur du jeu des échecs le savait aussi, quand il demandait, pour récompense, dans un but instructif, un grain de blé pour la première case de l'échiquier, deux pour la deuxième, et ainsi de suite en doublant jusqu'à la 64°. Il aurait fallu lui donner un si grand nombre de ces grains, qu'il était impossible de le réunir. On en a évalué le nombre à celui qu'on trouverait dans 16384 villes, dont chacune contiendrait 1034 greniers; dans chacun desquels il y aurait 174762 mesures de blé. Il est vrai que, dans ce cas, il s'agissait de la somme des termes de la progression; mais, ne se fût-il agi que du dernier terme, ce n'en aurait pas moins été un nombre extrêmement grand.

Quant aux autres explications que j'ai à donner au sujet de ma méthode, pour qu'elles soient plus sensibles, je ne les exposerai qu'au fur et à mesure que je résoudrai des équations.

Résolution (*) d'une équation dans laquelle tous les termes sont de même signe que le terme à égaler.

19. Soit (*Voir* n° 3) à résoudre (**) l'équation :
$$x^6 + x^4 + 5x^2 = 855.$$

OBSERVATION. Dans cette équation, ainsi que dans toutes celles dont je m'occuperai dans cet opuscule, le terme dont l'exposant est le plus élevé, est dégagé de coefficient; ou, pour mieux dire, a l'unité pour coefficient. Je les ai toutes ainsi préparées pour simplifier les opérations; et c'est, du reste, facile à faire, puisqu'il suffit de diviser tous les termes de l'équation par le coefficient qu'on veut réduire à l'unité.

De plus, dans ce qui suivra, je ne me servirai que d'une table de logarithmes de 1 à 10000, et de 5 décimales seulement. Mais, si l'on avait à opérer sur des nombres très-grands ou très-petits; et, si la question exigeait, en même temps, un grand degré de précision, il serait bon d'employer des logarithmes plus étendus.

(*) A la rigueur le mot *résolution* s'entend de l'extraction de toutes les racines d'une équation. Il est employé, par abréviation, du n° 19 au n° 31, pour signifier *extraction d'une racine*.

(**) Observation analogue à celle qui précède, au sujet du mot résoudre.

20. D'après la règle du n° 12, le logarithme de 855, qui est 2,93197, sera celui de x^6; et d'après celle du n° 11, j'aurai :

$$\log x^4 = \frac{2,93197 \times 4}{6} = 1,95465,$$

$$\text{et } \log 5x^2 = \log 5 + \frac{2,93197 \times 2}{6} = 0,69897 + 0,97732 = 1,67629$$

Je ferai ensuite une disposition que je désignerai par D, et je conviendrai que le signe $\overset{r}{=}$ signifiera *à rendre égal à*, et non *égal à*. Voici cette disposition :

$$\left| + 2,93197 \right| + 1,95465 \left| + 1,67629 \overset{r}{=} 855. \right.$$

Pour qu'on puisse embrasser toutes les opérations d'un seul coup d'œil, je renvoie au CADRE 1, PLANCHE I, et je préviens qu'aussi simples, faciles et exactes seront les opérations que je vais expliquer, aussi simples, faciles et exactes seraient celles qu'il y aurait à faire si l'équation, au lieu de trois termes, en avait cinquante de signes différens, et de coefficiens et d'exposans les plus variés; seulement, bien entendu, il faudrait plus de temps puisqu'il y aurait plus de chiffres à employer.

21. Effectuant les calculs conformément à ce que j'ai fait à la fin du n° 16, j'obtiendrai pour résultat de la disposition qui précède, 992,54. Ce résultat que j'appellerai R, est trop grand. Pour en obtenir un plus petit, je diviserai le 1er terme par 2; et, à cet effet, j'en retrancherai le logarithme de 2, qui est 0,30103; et j'aurai, pour nouveau logarithme de ce terme, 2,63094. Mais, pour que la relation voulue entre les divers termes ne soit pas altérée, il faut aussi retrancher quelque chose des logarithmes qui représentent le 2e et le 3e. Ce quelque chose est une partie du logarithme 0,30103, proportionnée à l'expo-

sant du terme dont il faut la retrancher. Pour le second terme,
ce sera $\dfrac{0,30103 \times 4}{6} = 0,20069$; et pour le 3e,

ce sera $\dfrac{0,30103 \times 2}{6} = 0,10034$. J'appellerai S la suite de logarithmes $0,30103$, $0,20069$ et $0,10034$ qui sont tous trois à soustraire de la première disposition. S'ils étaient à ajouter, je donnerais le nom de A à leur suite. Je désignerai, du reste, dans les opérations qui suivront, par D', D'', D''', etc.; R', R'', R''', etc.; S', S'', S''', etc.; A', A'', A''', etc., ce que j'aurai désigné par D, R, S, A, dans la première ; et il en sera de même pour toutes les autres lettres que j'aurai encore à employer comme nom.

22. Je soustrairai S de D, puis j'effectuerai les calculs sur D', et j'obtiendrai R' = 521, 92, résultat trop petit. Quand x^6 a pour logarithme $2,93197$, le logarithme de x est $\dfrac{2,93197}{6} = 0,48866$.
J'appellerai ce logarithme l. Il correspond, d'après la table, à une valeur de x de $3,08$, que j'appellerai V. Quand x^6 a pour logarithme $2,63094$, $l' = \dfrac{2,63094}{6} = 0,43849$, et V' = $2,75$.
Mais R étant un résultat trop grand, et R' un résultat trop petit, d'après le n° 18 il y a une racine entre les valeurs de x qui les ont produits. Ces valeurs sont V = $3,08$, et V' = $2,75$, et il n'y a qu'un seul nombre entier rond, qui est 3, entre les deux. Par conséquent, si la racine cherchée est commensurable en nombre entier, elle ne pourra être que 3. J'effectuerai les calculs en faisant $x = 3$, et j'obtiendrai exactement 855. Donc 3 est racine de l'équation proposée.

23. L'équation est donc déjà résolue, et deux dispositions ont suffi. Si la seconde de ces dispositions ne m'avait pas donné un résultat contraire à celui de la première, j'aurais fait une seconde division par 2, et ainsi de suite jusqu'à ce que j'eusse

obtenu ce que je cherchais. Mais je supposerai que 3, seul nombre entier existant entre V et V′ ne satisfasse pas à l'équation; dans ce cas, elle ne pourrait avoir qu'une racine approchée. Pour l'obtenir à 0,01 près, par exemple, j'opérerai comme il suit : R étant trop grand, et R′ trop petit, le logarithme réel du 1er terme doit se trouver entre 2,93197 et 2,63094, entre lesquels il y a un écart de 0,30103; pour le 2e terme, l'écart est de 0,20069; et pour le 3e, de 0,10034. Ce qui me reste à faire se borne à opérer, sur ces écarts, par voie de division par 2. Je ferai A (*suite de logarithmes à ajouter :* voir à la fin du n° 21), égal à la moitié de ces écarts : autrement dit, égal à la moitié de S. Je l'ajouterai à D′ pour obtenir D″, qui me donnera R″ = 718,35, résultat encore trop petit. Mais entre V″ = 2,91, ce qui m'a donné un résultat trop petit; et V = 3,08, ce qui m'a donné un résultat trop grand, il n'y a qu'une différence de $\frac{17}{100}$. Par conséquent, en prenant le milieu entre ces deux valeurs pour celle de x, j'aurais une approximation à moins de $\frac{17}{200}$ près. R″ étant trop petit, je ferai A′ = $\frac{1}{2}$ A, et j'aurai une disposition D‴ qui me donnera R‴ = 844,01, résultat toujours trop petit. Mais entre V‴ = 2,99, ce qui m'a donné un résultat trop petit; et V = 3,08, ce qui m'a donné un résultat trop grand, il n'y a qu'une différence de $\frac{9}{100}$. Par-conséquent, en prenant le milieu entre ces deux valeurs pour celle de x, j'aurais une approximation à moins de $\frac{9}{200}$ près.

R‴ étant trop petit, je ferai A″ = $\frac{1}{2}$ A′, et j'aurai une disposition D⁗ qui me donnera R⁗ = 915,17, résultat trop grand. Mais entre V⁗ = 3,04, ce qui m'a donné un résultat trop grand; et V‴ = 2,99, ce qui m'a donné un résultat trop petit, il n'y a qu'une différence de $\frac{5}{100}$. Par conséquent, en prenant le milieu entre ces deux valeurs pour celle de x, j'aurais une approximation à moins de $\frac{5}{200}$ près. R^{IV} étant trop grand, je ferai $S' = \frac{1}{2} A''$, et j'aurai une disposition D^V qui me donnera $R^V = 878,86$, résultat encore trop grand. Mais entre $V^V = 3,01$, ce qui m'a donné un résultat trop grand; et $V''' = 2,99$, ce qui m'a donné un résultat trop petit, il n'y a qu'une différence de $\frac{2}{100}$. Par-conséquent, en prenant le milieu entre ces deux valeurs pour celle de x, j'aurais une approximation à moins de $\frac{1}{100}$ près. Comme il n'y a, du reste, entre V^V et V''' qu'un seul nombre de centièmes rond, qui est $\frac{300}{100}$, si la racine est commensurable en centièmes, elle ne pourra être que $\frac{300}{100}$. En continuant de cette manière, je pousserais l'approximation aussi loin que je voudrais. Si je désirais, par exemple, la conduire jusqu'à 0,00001 près, je prendrais les valeurs de la suite V, V', V''..... en cent millièmes, et je ferais des divisions par 2 jusqu'à ce que je n'eusse plus que 0,00002 entre deux des valeurs V, V', V''..... qui correspondraient à deux résultats contraires de la suite R, R', R''......

24. Par ce qui précède, on a pu se convaincre que, comme je l'avais annoncé, les opérations mènent à la connaissance de la racine commensurable, s'il en existe une; ou à une approximation poussée aussi loin qu'on le désire, s'il n'existe pas de racine commensurable; et qu'elles donnent, en même temps, le moyen d'apprécier, à chaque instant, le degré d'approximation qu'on a atteint.

Cette méthode est incontestablement exacte, simple et facile;

surtout si l'on considère qu'elle s'applique tout aussi bien aux équations d'un grand nombre de termes, qu'à celles d'un petit nombre de termes; aux coefficiens et exposans fractionnaires, qu'aux coefficiens et exposans entiers. A la vérité, elle ne fait pas tomber, du premier coup, sur le résultat cherché; mais on y tombe bien plus vite, bien plus facilement, et bien plus sûrement que par les méthodes en vigueur; et, d'ailleurs, quelle est l'opération dans laquelle on arrive tout d'abord à ce résultat? Je prendrai les plus simples opérations, par exemple, les quatre premières règles de l'Arithmétique : Eh bien! pour obtenir le total, ou le reste, ou le produit, ou le quotient, est-ce qu'il ne faut pas commencer par former des totaux, des restes, des produits, des quotiens partiels? On n'obtient donc pas immédiatement, en Arithmétique, le résultat final; pourquoi, dès-lors, dans un problème aussi ardu que la résolution d'une équation complexe de degré supérieur, devrait-on être plus heureux?

Résolution d'une équation dans laquelle le terme inconnu affecté du plus haut exposant, est de même signe que le terme connu, sans que tous les termes inconnus soient de même signe.

25. La marche à suivre pour la résolution des équations de cette espèce, est semblable à celle qui précède; seulement, dans ce genre d'équations, une multiplication par 2 ne donne pas toujours un résultat plus grand, et une division par 2 ne donne pas toujours un résultat plus petit. C'est facile à comprendre. Soit l'équation :

$$x^3 - 2x = A.$$

Si je substitue successivement à x les nombres $\frac{1}{2}$, 1 et 2, j'aurai :

$$\frac{1}{8} - 1 = -\frac{7}{8},$$

$$1 - 2 = -1,$$

$$8 - 4 = +4.$$

Comme on le voit, bien que les valeurs de x aillent toujours en augmentant, les résultats sont d'abord décroissans, puisque -1 est plus petit que $-\dfrac{7}{8}$; et ensuite ils deviennent croissans, puisque $+4$ est plus grand que -1. C'est l'effet du coefficient 4. Toutefois, cette circonstance, quand elle se présente, ne gêne en rien pour obtenir le résultat contraire dont j'ai parlé au n° 18 : c'est ce qu'on verra, d'ailleurs, plus loin (n° 51) ; et, pour approcher de plus en plus d'une racine, il suffit d'opérer par voie de division par 2, toujours entre les deux résultats contraires qui correspondent aux deux valeurs les plus rapprochées de la suite $V, V', V'' \ldots$

26. Soit (*Voir* n° 3) à résoudre l'équation :
$$x^3 - 2x = 56.$$
En opérant comme je l'ai fait au n° 20, j'obtiendrai la disposition qui suit :

$$\left| + 1{,}74819 \right| - 0{,}88376 \overset{r}{=} 56.$$

Voir, pour la suite des calculs, CADRE 2, PLANCHE I.

La première disposition, D, donne $R = 48{,}35$, résultat plus petit que le terme à égaler. Je multiplierai par 2 ; et, à cet effet, j'ajouterai, aux logarithmes de la suite D, les logarithmes de la suite A. J'aurai, de la sorte, la disposition D' qui donne $R' = 102{,}36$, résultat trop grand. Mais entre $V = 3{,}83$, et $V' = 4{,}82$, il n'y a qu'un seul nombre entier rond qui est 4. Par conséquent, si la racine cherchée est commensurable en nombre entier, elle ne pourra être que 4. J'effectuerai les calculs en faisant $x = 4$, et j'obtiendrai exactement 56. Donc 4 est racine de l'équation proposée. Je n'ai pas besoin d'ajouter que, si 4 n'avait pas satisfait à l'équation, en opérant comme au n° 23, j'aurais poussé l'approximation aussi loin que j'aurais voulu.

Résolution d'une équation dans laquelle le terme inconnu affecté du plus haut exposant, est de signe contraire à celui du terme connu, mais dans laquelle il y a au moins un terme inconnu de même signe que le terme connu.

27. Soit (*Voir* n° 3) à résoudre l'équation :

$$- x^3 + 11x^2 = 150,$$

D'après la règle que j'ai posée au n° 12, j'attribuerai à $11x^2$ la valeur du terme connu 150. J'aurai donc :

$$log\ 11x^2 = log\ 150, \text{ et } log\ x^2 = log\ 150 - log\ 11,$$
$$\text{ou } log\ x^2 = 2,17609 - 1,04139 = 1,13470.$$

J'aurai ensuite :

$$log\ x^3 = \frac{log\ x^2 \times 3}{2} = \frac{1,13470 \times 3}{2} = 1,70205.$$

Je ferai, sur ces données, la disposition suivante :

$$\left| -1,70205 \right| + 2,17609 \overset{r}{=} 150.$$

Voir, pour la suite des calculs, CADRE 3, PLANCHE I.

La 1ʳᵉ disposition donne R = 99,64 ; la 2ᵉ R′ = 137,40 ; et la 3ᵉ R″ = 176,56. R′ est trop petit, et R″ trop grand. Mais entre V′ = 4,76, et V″ = 5,86, il n'y a qu'un seul nombre entier rond, qui est 5. Par conséquent, si la racine cherchée est commensurable en nombre entier, elle ne pourra être que 5. J'effectuerai les calculs en faisant $x = 5$, et j'obtiendrai exactement 150. Donc 5 est racine de l'équation proposée.

OBSERVATION. — Dans l'espèce d'équation dont je viens de m'occuper au n° 27, comme dans celle du n° 25, chaque multiplication par 2 ne donne pas toujours un résultat plus grand. Mais, dans celle-ci, par de nouvelles multiplications par 2, on serait toujours sûr d'obtenir le résultat plus grand qu'on chercherait (n° 51) ; tandis que, dans celle-là, de nouvelles multipli-

cations par 2 donneraient, arrivé à une certaine limite, des résultats de plus en plus petits (n° 75). Dans ce cas, on reviendrait sur
ses pas en effectuant un nombre suffisant de divisions par 2,
entre les résultats obtenus dans les limites indiquées au n° 76 ; et
l'on obtiendrait infailliblement un résultat qui satisferait à l'équation, à moins que celle-ci ne fût absurde (n° 55).

Résolution d'une équation qui a des coefficiens fractionnaires.

28. Quand il y a des coefficiens fractionnaires dans une équation, la manière d'opérer n'est pas moins semblable à celle que
j'ai employée pour les équations précédentes. Je vais, au surplus,
résoudre une équation dans laquelle de tels coefficiens existeront.

29. Soit (*Voir* n° 3) à résoudre l'équation :

$$x^3 + \frac{1}{2}x^2 + \frac{5}{2}x = 1,5.$$

J'attribuerai à x^3 la valeur du terme connu, et j'aurai :

$$log\ x^3 = log\ 1,5 = 0,17609,$$

$$log\ \frac{1}{2}x^2 = log\ \frac{1}{2} + \frac{log\ x^3 \times 2}{3} = \overline{0},30103 + 0,11739 = \overline{0},18364,$$

$$log\ \frac{5}{2}x = log\ \frac{5}{2} + \frac{log\ x^3 \times 1}{3} = 0,39794 + 0,05870 = 0,45664.$$

Je ferai ensuite la disposition ci-après :

$$\left|+0,17609\right|+\overline{0},18364\left|+0,45664 \overset{r}{=} 1,5.\right.$$

Voir, pour la suite des calculs, CADRE 4, PLANCHE I.

J'obtiendrai, après 4 divisions par 2, pour le 1ᵉʳ terme, un logarithme de $1,02803$, qui correspond à $\dfrac{1}{10,667} = 0,093$, ci $\quad 0,093$

Pour le 2e terme, un logarithme de $0,98640$, qui cor-

respond à $\dfrac{1}{9,692} = 0,103$, ci. .... $\quad 0,103$

Pour le 3e terme, un logarithme de $0,05528$, qui cor-

respond à... $\quad 1,136$

TOTAL formant la valeur de R^{IV}....... $\quad 1,332$

Ce résultat est trop petit. Semblable calcul fait sur D''' m'avait

donné $R''' = 1,781$, résultat trop grand. Mais entre $V^{IV} = \dfrac{1}{2,201} =$

$0,454$, et $V''' = \dfrac{1}{1,747} = 0,572$, il n'y a qu'un seul nombre de

dixièmes rond, qui est $0,5$. Par conséquent, si la racine cherchée est commensurable en dixièmes, elle ne pourra être que
$0,5$. Je ferai $x = 0,5$, et j'obtiendrai exactement $1,5$. Donc $0,5$
est racine de l'équation proposée. Il est inutile d'ajouter que si
la fraction $0,5$ n'avait pas satisfait à l'équation, en opérant
comme au n° 23, j'aurais poussé l'approximation aussi loin que
j'aurais voulu.

30. Cet exemple montre que, quand la racine est une fraction, on l'obtient tout aussi facilement que quand elle est un
nombre plus grand que l'unité. A la vérité, c'est sous la forme
décimale que j'ai obtenu la racine; mais il ne serait pas plus
difficile de l'obtenir en fraction ordinaire. En effet : ou la racine
est une fraction ordinaire qui peut se convertir en fraction décimale finie; et, dans ce cas, obtenir la fraction décimale qui satisfait à l'équation, cela revient à obtenir la fraction ordinaire qui
lui équivaut. Ou la fraction ordinaire ne peut se convertir qu'en
fraction décimale périodique infinie; et, alors, dès l'instant où
l'on reconnaîtrait le caractère de la péridiocité, il suffirait de
remonter à la fraction ordinaire qui a pu la produire.

Résolution d'une équation dans laquelle il y a des exposans fractionnaires.

31. Ce sera encore la même manière d'opérer. Ainsi, soit (*Voir* n° 3) à résoudre l'équation :

$$x^{\frac{3}{2}} + x^{\frac{4}{3}} = 768.$$

J'attribuerai à $x^{\frac{3}{2}}$ la valeur 768, et j'aurai :

$$\log x^{\frac{3}{2}} = \log 768 = 2,88536.$$

J'aurai ensuite :

$$\log x^{\frac{3}{2}} : \log x^{\frac{4}{3}} :: \frac{3}{2} : \frac{4}{3} :: 9 : 8;$$

d'où :

$$\log x^{\frac{4}{3}} = \frac{2,88536 \times 8}{9} = 2,56476.$$

32. Je ferai ensuite la disposition ci après :

$$\left| + 2,88536 \right| + 2,56476 \overset{r}{=} 768,$$

d'où je tire $l = 2,88536 : \frac{3}{2} = \frac{2,88536 \times 2}{3} = 1,92357.$

Voir, pour la suite des calculs, CADRE 5, PLANCHE I.

R étant trop grand, je diviserai le logarithme du 1er terme par 2, en en retranchant 0,30103. Du second terme, je retrancherai une partie du logarithme de 2, proportionnée à l'exposant, ou $\frac{0,30103 \times 8}{9} = 0,26758.$ Cela me donnera la disposition D' qui fournit R' $= 582,24$, résultat trop petit. Ayant obtenu un résultat trop grand et un résultat trop petit, j'opèrerai, par voie de division par 2, sur l'écart, jusqu'à ce que j'obtienne deux valeurs entre lesquelles il n'existe qu'un seul nombre entier rond.

Je trouve, par la 5ᵉ et la 6ᵉ dispositions, $V^V = 64,66$, et $V^{VI} = 63,74$, entre lesquels il n'y a que le seul nombre entier 64. Par conséquent, si la racine cherchée est commensurable en nombre entier, elle ne pourra être que 64. Je substituerai ce nombre à x, et j'obtiendrai exactement 768. Donc 64 est racine de l'équation proposée.

Extraction des diverses racines positives que peut avoir une même équation.

33. Je viens de montrer comment on opère pour obtenir une racine :

1° Quand tous les termes sont de même signe que le terme à égaler (n° 19);

2° Quand le terme inconnu affecté du plus haut exposant est de même signe que le terme connu, sans que tous les termes soient de même signe (n° 26);

3° Quand le terme inconnu affecté du plus haut exposant est de signe contraire à celui du terme à égaler; mais qu'il y a au moins un terme inconnu de même signe que le terme connu (n° 27);

4° Quand il y a des coefficiens fractionnaires (n° 28);

5° Enfin, quand il y a des exposans fractionnaires (n° 31).

34. Il ne me reste plus, pour avoir embrassé tous les cas qui peuvent se présenter, qu'à faire voir comment il faut s'y prendre quand tous les termes inconnus sont de signe contraire à celui du terme à égaler; mais je ne le ferai qu'un peu plus loin (n° 45). Pour le moment, je m'occuperai de l'extraction des diverses racines positives que peut avoir une même équation.

35. On démontre, en Algèbre, que quand a est une racine d'équation, en faisant passer tous les termes dans un seul membre

qui devient égal à zéro, ce membre est exactement divisible par
$x - a$, et que le quotient contient les autres racines que peut
avoir l'équation. D'après cela, si, au moyen d'une opération
semblable à l'une de celles que j'ai faites (n°s 20, 26, 27, 29 et 32),
je détermine une racine; que je divise l'équation égalée à zéro,
par x moins cette racine, cette équation en sera dégagée, et le
quotient ne contiendra plus que les autres racines inégales ou
égales à la première. Si je résous, à son tour, la nouvelle équation que me donnera le quotient égalé à zéro, j'obtiendrai une
nouvelle racine; puis en divisant l'équation provenant du premier quotient, par x moins la nouvelle racine, j'aurai un second
quotient qui formera aussi une équation; et, si je continue de
la même manière jusqu'à épuisement de l'équation primitive,
j'aurai obtenu toutes les racines qu'elle peut avoir.

Ce moyen me paraît bien préférable aux méthodes en usage,
et qui consistent à chercher toutes les racines en même temps,
ce qui est long, quand elles sont des nombres considérables, et
expose, d'ailleurs, à en laisser échapper, ou à en chercher qui
ne peuvent exister. Néanmoins, j'indiquerai, plus loin (n° 77),
une manière d'opérer pour les obtenir toutes en même temps.

36. Je vais appliquer (*Voir* n° 4) ma méthode à l'équation :
$$x^3 - 19\,x^2 + 120\,x = 252.$$
Voir CADRE 6, PLANCHE II, pour la suite des calculs.

Par une seule disposition, j'obtiens un résultat R si rapproché
du terme à égaler, que je dois croire que V est très-voisin d'une
racine. Si cette racine est commensurable en nombre entier,
elle sera 6 ou 7 (*Voir* n° 25). Je prendrai celui de ces deux nombres qui est le plus rapproché de V, et j'obtiendrai exactement
le terme à égaler. Donc 6 est racine de l'équation proposée.

37. Je diviserai (*Voir* CADRE 7, PLANCHE II) cette équation,
après l'avoir égalée à zéro, par $x - 6$, et j'obtiendrai, pour

quotient, $x^2 - 13\,x + 42$, dont je ferai l'équation $x^2 - 13\,x = -42$.

38. Cette équation n'est que du second degré. Je la résoudrai (CADRE 8, PLANCHE II), et je trouverai 2 racines qui sont $+7$ et $+6$; plus haut (n° 36) j'avais déjà trouvé 6.

39. L'équation proposée a, dès-lors, trois racines, dont deux sont égales. Ces trois racines sont $+6$, $+6$ et $+7$. Si l'on formait, du reste, le produit des trois facteurs $(x-6)$, $(x-6)$ et $(x-7)$, on trouverait, dans ce produit, exactement les élémens de l'équation proposée.

40. Je n'ai pas besoin d'ajouter que les mêmes moyens qui viennent de me faire connaître les racines commensurables, me feraient aussi connaître les racines approchées, dans le cas où l'équation ne pourrait en avoir de commensurables. Il suffirait, pour obtenir ces racines approchées, de pousser l'approximation un peu loin lors des premières extractions, et de se contenter, lors des divisions par x moins une racine, d'une certaine approximation dans les quotiens. Quand on aurait ainsi obtenu toutes les racines approchées que l'équation comporterait, on pourrait pousser, pour chacune de ces racines, l'approximation encore plus loin : à cet effet, on les repasserait, l'une après l'autre, sur l'équation primitive, en procédant comme je l'ai indiqué au n° 23.

Extraction des diverses racines négatives que peut avoir une équation.

41. Dans ce qui précède, j'ai toujours considéré les équations sous leur aspect réel : c'est-à-dire que j'ai pris comme réellement positif tout terme affecté du signe $+$, et comme réellement négatif tout terme affecté du signe $-$; j'ai toujours, aussi, employé des termes à égaler positifs ; enfin j'ai toujours appliqué la valeur du terme connu, à un terme inconnu de même signe que ce terme connu. Cela a bien son utilité, en ce sens qu'on n'a nullement à se préoccuper, dans le cours des opérations, de ce que *plus* multiplié ou divisé par *moins*, ou *moins* multiplié ou divisé par *plus*, donne *moins* ; ni de ce que *moins* multiplié ou divisé par *moins* donne *plus*. D'un autre côté, les opérations que j'ai faites jusqu'ici, sont, à proprement parler, des procédés de *détermination arithmétique de racines* ; et, le véritable mérite de ces sortes de procédés, consiste en ce qu'ils soient, le plus possible, dégagés de complications. Mais, de la sorte, on ne peut obtenir que les racines positives qui satisfont à l'équation. Toutefois, pour obtenir les racines négatives, s'il en existe, des moyens bien simples suffisent ; les voici :

42. De ce que — *a* donne exactement les mêmes puissances paires que + *a*, il résulte que, dans une équation où tous les exposans de l'inconnue sont pairs, les racines positives qu'on obtient, satisfont encore à l'équation quand on les rend négatives. Ainsi l'équation du n° 19, qui a + 3 pour racine, a aussi — 3.

43. Quant aux autres cas, soit l'équation :
$$- Bx^3 - Cx^2 - Dx = A.$$
Cette équation ne peut avoir que des racines négatives : car tous ses termes inconnus ayant le signe *moins*, aucune quantité positive substituée à x ne pourrait donner + A pour résultat. Je représenterai l'inconnue négative x, par l'inconnue positive y prise avec le signe *moins* : c'est-à-dire que je ferai :
$$x = - y$$
Substituant à x sa valeur — y, dans l'équation ci-dessus, il viendra :
$$- B (- y)^3 - C (- y)^2 - D (- y) = A.$$
Appliquant la règle des signes, j'obtiendrai :
$$By^3 - Cy^2 + Dy = A,$$

équation dans laquelle *tous les termes, dont l'exposant est impair,* ont changé de signe, et où y représente une quantité positive.

Je supposerai qu'en résolvant cette dernière équation, j'obtienne $y = a, y = b$, etc.; cela me donnera : $-y = -a, -y = -b$, etc.

Remplaçant alternativement $-y$ par ses valeurs dans l'équation $x = -y$, j'aurai : $x = -a, x = -b$, etc.

44. Donc, *en changeant, dans une équation, les signes des termes dont l'exposant est impair, on rend positives, pour la transformée, les racines qui sont négatives, pour la primitive ; et, en donnant le signe moins aux racines positives de la transformée, on obtient des racines négatives qui satisfont à la primitive.*

45. Maintenant, soit (*Voir* n° 5) à résoudre l'équation :

$$- x^3 - 12 x^2 - 47 x = 60.$$

Cette équation qui a tous ses termes inconnus de signe contraire à celui du terme connu, ne peut avoir (n° 43) aucune racine positive. La manière de la résoudre fera donc voir non-seulement comment on opère dans cette circonstance que j'ai prévue au n° 34 ; mais encore comment on obtient les racines négatives dans les équations qui peuvent en avoir en même temps de positives et de négatives : dans ce cas, en effet, lorsque toutes les racines positives auraient été extraites, les divisions par x moins une racine indiquées au n° 35, ne donneraient plus que des quotiens ne pouvant produire que des équations dans lesquelles tous les termes inconnus seraient de signe contraire à celui du terme à égaler.

46. D'après le n° 44, en changeant les signes des termes dont l'exposant est impair, je rendrai positives les racines négatives que peut avoir l'équation :

$$- x^3 - 12 x^2 - 47 x = 60.$$

Faisant ce changement, elle deviendra :

$$x^3 - 12\,x^2 + 47\,x = 60.$$

Voir CADRE 9, PLANCHE II, pour la suite des calculs.

J'obtiens R $= 60,09$, résultat trop grand, R' $= 60,18$, résultat aussi trop grand, et R'' $= 57,96$, résultat trop petit. Mais entre V' $= 3,11$, et V'' $= 2,47$, il n'y a qu'un seul nombre entier rond, qui est 3. Je ferai $x = 3$, et j'obtiendrai exactement 60. Donc 3 est racine de l'équation proposée. Mais je remarquerai que c'est par la soustraction de S que j'ai obtenu R' $>$ R ; autrement dit, c'est par une division par 2 que j'ai obtenu un résultat plus grand (n° 25). Cette circonstance me porte à croire qu'au-dessus de V, il y a encore une racine. Je ferai, dès-lors, une nouvelle disposition en remplaçant S (suite de logarithmes à soustraire), par A (suite de logarithmes à ajouter), et j'obtiendrai R''' $= 59,88$, résultat trop petit, alors que R $= 60,09$ est un résultat trop grand. Mais il y correspond V''' $= 4,93$, et V $= 3,92$, entre lesquels il n'y a qu'un seul nombre entier rond qui est 4. Je ferai $x = 4$, et j'obtiendrai 60. Donc 4 est aussi une racine de l'équation proposée.

47. Les nombres 3 et 4 étant racines de l'équation proposée, je la dégagerai (*Voir* CADRE 10, PLANCHE II) des deux racines dont il s'agit, en la divisant par :

$$(x - 3) \times (x - 4).$$

Le quotient sera $x - 5$. En l'égalant à zéro, j'en tirerai $x = 5$.

48. Ainsi la tranformée a trois racines qui sont $+ 3$, $+ 4$ et $+ 5$. Donnant, d'après le n° 44, le signe *moins* à ces trois racines, elles deviendront $- 3$, $- 4$ et $- 5$, et devront satisfaire à la primitive ; en effet :

$$- (-3)^3 - 12(-3)^2 - 47(-3) = 60,$$
$$- (-4)^3 - 12(-4)^2 - 47(-4) = 60,$$
$$- (-5)^3 - 12(-5)^2 - 47(-5) = 60.$$

49. Si, du reste, on divisait successivement l'équation primitive par $x - (-3)$, $x - (-4)$ et $x - (-5)$, ce qui revient à $x + 3$, $x + 4$ et $x + 5$, elle se trouverait épuisée.

50. J'ai, maintenant, embrassé tous les cas qui peuvent se présenter, et montré que, dans chacun d'eux, pour obtenir une racine, il suffit d'appliquer au terme affecté du plus haut exposant, parmi ceux de même signe que le terme connu, la valeur de ce terme connu; puis de procéder, comme je l'ai fait, par voie de multiplication ou de division par 2; et il est bien évident, je le pense, que quelque élevé que fût le degré d'une équation, quels que fussent, d'ailleurs, aussi, le nombre des termes, les signes, les coefficiens et les exposans, des opérations semblables à celles que j'ai exécutées, feraient connaître les racines commensurables, ou les racines approchées. Ma méthode est donc éminemment générale.

Mais il importe, afin de s'épargner des recherches inutiles, de pouvoir reconnaître, par le simple aspect d'une équation, si elle est absurde, ou si elle ne l'est pas; si elle ne peut avoir qu'une racine, ou si elle peut en avoir plusieurs. Je vais m'occuper de ces objets.

Manière de reconnaître quand une équation est absurde, ou quand elle ne l'est pas.

51. *N'est pas absurde une équation dans laquelle le terme contenant le plus haut exposant de l'inconnue, est de même signe; ou, étant impair, peut être rendu de même signe (n° 44) que le terme à égaler.*

En effet : le terme affecté du plus haut exposant étant de même signe que le terme à égaler, toute valeur positive qui serait attribuée à x laisserait au terme dont il s'agit, son signe primitif.

Mais en augmentant ou diminuant la valeur de x, on pourrait faire prendre à ce terme affecté du plus haut exposant, des accroissemens ou des décroissemens tels qu'il devînt dans tel rapport de grandeur qu'on voudrait relativement à toutes les puissances dont le degré serait inférieur au sien, quels qu'en fussent les coefficiens. Dès-lors, il serait toujours possible d'atteindre le terme à égaler, si la racine était commensurable, ou d'en approcher aussi près qu'on voudrait, dans le cas contraire, et ce, nonobstant les signes de tous les autres termes.

52. *D'après ce qui précède, dans la 1re hypothèse : (celle où le terme affecté du plus haut exposant, est de même signe que le terme à égaler), l'équation aurait au moins une racine positive.*

53. *Dans la seconde hypothèse : (celle où le terme affecté du plus haut exposant peut être rendu de même signe que le terme à égaler), l'équation proposée aurait au moins une racine négative, puisque la transformée en aurait au moins une positive.*

54. *Enfin, si le terme dont l'exposant est le plus élevé est de degré pair, et s'il est de même signe que le terme à égaler, l'équation aurait au moins une racine positive, et une racine négative : car toute quantité de l'un des deux signes donnerait toujours, pour le terme dont il s'agit, un résultat de même signe que le terme à égaler.*

55. *Peut être absurde, mais ne l'est pas nécessairement, une équation dans laquelle le terme affecté du plus haut exposant est de degré pair, et en même temps de signe contraire à celui du terme à égaler. En effet, soit :*

$$- x^4 + 2x^3 = 600.$$

Si je suppose la racine négative, elle deviendra positive (n° 44) en changeant le signe de $2x^3$, et j'aurai l'équation :

$$- x^4 - 2x^3 = 600,$$

qui est absurde : car toute quantité positive mise à la place de x ne pourrait y satisfaire.

Si je suppose la racine positive, je devrai avoir, dans $-x^4 + 2x^3 = 600$,

$$2x^3 > 600,$$
$$\text{et} \quad x^4 < 2x^3.$$

Divisant les deux membres de cette dernière inégalité par x^3, elle ne sera pas détruite, et il viendra :

$$x < 2.$$

Substituant 2 à x, dans la 1re inégalité, je ne ferai que la corroborer puisque 2 est trop grand, et j'aurai :

$$2(2)^3 > 600, \text{ ou } 16 > 600.$$

Ce résultat est encore absurde. Donc l'équation proposée l'est aussi elle même; mais elle serait soluble si le coefficient du terme où entre x^3, était assez grand pour que ce terme pût l'emporter de 600 sur x^4.

Si une équation dans laquelle le terme affecté du plus haut exposant serait de signe contraire à celui du terme à égaler, était tellement compliquée que des décompositions de la nature de celles qui précèdent (*) ne pussent amener de certitude au sujet de l'absurdité ou de la non-absurdité, on arriverait toujours à s'édifier à cet égard par les opérations du n° 27 : car si l'équation était absurde, on n'obtiendrait que des suites de résultats croissans et décroissans au sommet desquelles il n'y aurait que des nombres plus petits que le terme à égaler.

56. *Est absurde une équation dans laquelle tous les exposans sont pairs, et dans laquelle aussi tous les termes inconnus sont de signe contraire à celui du terme à égaler.*

En effet : toute quantité positive substituée à x donnerait un résultat de signe contraire à celui du terme à égaler, et il en serait de même de toute quantité négative, puisque tous les exposans sont supposés pairs.

(*) Les décompositions peuvent aussi se faire dans le genre de celles du n° 72.

57. *Cependant, une équation de ce genre, tout en ne pouvant avoir aucune racine positive ou négative réelle du 1ᵉʳ degré, peut avoir des facteurs négatifs de degré pair, qui en produisent d'imaginaires du 1ᵉʳ degré.*

Ainsi, soit l'équation :

$$-x^6 - 6x^4 - 11x^2 = 6.$$

D'après le n° 56, elle ne peut avoir aucune racine positive ou négative réelle du 1ᵉʳ degré. Pour connaître si elle a des facteurs du second degré, je ferai $y = x^2$, et je remplacerai x^2 par sa valeur y, ce qui me donnera :

$$-y^3 - 6y^2 - 11y = 6.$$

Cette équation ne peut avoir de racine positive ; mais, en changeant, d'après le n° 44, les signes des termes dont l'exposant est impair, j'aurai :

$$y^3 - 6y^2 + 11y = 6.$$

Résolvant, j'obtiendrai trois racines qui sont $+1$, $+2$ et $+3$, et qui deviennent -1, -2 et -3 pour $-y^3 - 6y^2 - 11y = 6$.

Mais j'ai fait $x^2 = y$, ou $x = \pm\sqrt{y}$. J'aurai donc :

$$x = \pm\sqrt{-1},$$
$$x = \pm\sqrt{-2},$$
$$x = \pm\sqrt{-3}.$$

En résumé, l'équation $-x^6 - 6x^4 - 11x^2 = 6$, a trois facteurs du second degré, et six imaginaires du premier.

Manière de reconnaître quand une équation ne peut avoir qu'une racine, ou quand elle peut en avoir plusieurs.

58. *Une équation dans laquelle tous les termes inconnus n'ont d'autre coefficient que l'unité, ne peut avoir, au maximum, que deux racines : l'une positive, et l'autre négative ; mais elle n'en a pas nécessairement deux.*

Soit l'équation :

$$x^4 - x^2 + x = A.$$

Je supposerai qu'elle ait a pour racine; cela me donnera :

$$a^4 - a^2 + a^1 = A;$$

ou $(a \times a \times a \times a) + a = (a \times a) + A.$

ou encore, $(a \times a \times a \times a) + a > (a \times a).$

Cette inégalité qui se résume en un excès du 1er membre sur le second, d'une quantité A, provient de ce que a est plus souvent multiplié par lui-même d'un côté que de l'autre. Mais pour que le premier membre de l'inégalité restât toujours supérieur au second du même excès A, il faudrait que les quantités qui pourraient être ajoutées ou retranchées par l'augmentation ou la diminution de la valeur de a, fussent égales pour chaque membre; et cela est impossible : car celui où a est pris le plus grand nombre de fois gagnerait ou perdrait toujours plus que l'autre.

Toutefois, en changeant le signe du terme $+a^1$, il pourrait se faire qu'une quantité b, substituée à a, produisît le résultat A; et, d'après le n° 44, elle devrait satisfaire à la primitive, étant prise avec le signe *moins*. Mais, alors, on prouverait, comme je viens de le faire pour a, qu'en dehors de b aucune quantité positive ne pourrait satisfaire à la transformée; et, par conséquent, la primitive ne pourrait avoir que la racine positive a, et la racine négative $-b$.

59. *Quand même une équation aurait d'autres coefficiens que l'unité, elle ne peut avoir qu'une seule racine positive si tous ses termes ont le même signe que le terme à égaler; mais elle peut en avoir une ou plusieurs négatives si tous les exposans de l'inconnue ne sont pas pairs.*

Soit l'équation :

$$Bx^h + Dx^m + Ex^n = A.$$

Tous ses termes ont le même signe que le terme à égaler. Je

supposerai que a soit une quantité positive qui satisfasse à l'équation, et j'aurai :

$$Ba^b + Da^m + Ea^n = A.$$

Il est évident que, quel que fût un accroissement que je donnerais à a, les termes Ba^h, Da^m, Ea^n, augmenteraient chacun. Dèslors, leur total ne pourrait plus être A. Il est également évident que, quel que fût un décroissement que je ferais subir à a, les mêmes termes diminueraient chacun, et que leur total ne serait plus A. Il n'y a donc qu'une seule racine positive qui puisse satisfaire à l'équation.

Mais si l'exposant m, par exemple, était impair, pour obtenir les racines négatives (n° 44), le terme $+ Da^m$ deviendrait $— Da^m$; et, alors, il y aurait, comme au n° 25, des résultats croissans et des résultats décroissans produits par $— Da^m$ et $+ Ba^h$, et aussi par $— Da^m$ et $+ Ea^n$: or, parmi ces résultats, il pourrait s'en trouver un ou plusieurs semblables au terme à égaler, ce qui donnerait une ou plusieurs racines positives pour la transformée, et négatives pour la primitive.

60. *Une équation dans laquelle tous les termes inconnus sont de même signe que le terme à égaler, et ont chacun un exposant pair, n'a, quels que soient les coefficiens, qu'une seule racine positive, et une seule racine négative numériquement égale à la positive.*

Quant à une seule racine positive, cela résulte du n° 59; quant à une seule racine négative égale numériquement à la positive, cela est encore vrai : car s'il pouvait y en avoir une autre, par exemple $— b$; les puissances paires de $+ b$ étant semblables à celles de $— b$, il s'en suivrait que $+ b$ devrait aussi satisfaire à l'équation primitive, et je viens de démontrer que c'est impossible.

Mais si, étant tous de même signe que le terme connu, les termes inconnus au lieu d'avoir chacun un exposant pair, en avaient chacun un impair, il n'y aurait de possible qu'une seule racine qui serait positive : car le changement du n° 44 rendrait tous les signes des termes inconnus contraires à celui du terme connu.

Je vais appliquer les remarques qui précèdent aux équations dont je me suis occupé aux n°^{s} 19, 26, 27, 29 et 31.

1° Équation du n° 19.

$$x^6 + x^4 + 5x^2 = 855.$$

61. Au n° 22, j'ai trouvé que cette équation a 3 pour racine positive. D'après le n° 60, elle a — 3 pour racine négative, et elle ne peut avoir, toujours d'après le même n°, que les deux racines + 3 et — 3. Cela se vérifie bien par les divisions du n° 35. En effet : la dégageant des deux racines précitées, en la divisant par $(x - 3) \times (x + 3)$, ce qui est égal à $x^2 - 9$, j'obtiendrai, pour quotient, $x^4 + 10\,x^2 + 95$, dont je ferai $x^4 + 10\,x^2 = -95$. D'après le n° 56, cette équation est absurde ; mais elle peut avoir, d'après le n° 57, des facteurs de degré pair. Pour les obtenir, je ferai $x^2 = y$, et j'aurai :

$$y^2 + 10y = -95,$$

ce qui me donnera :

$$y = -5 \pm \sqrt{-95 + 25} = -5 \pm \sqrt{-70},$$
$$\text{ou } x^2 = -5 \pm \sqrt{-70},$$

expression qui produit deux facteurs imaginaires du 2° degré : car la quantité sous le radical est négative.

Il vient ensuite :

$$x = \pm \sqrt{-5 \pm \sqrt{-70}}.$$

Les facteurs imaginaires du 1er degré sont donc au nombre de 4. En un mot, l'équation proposée, égalée à zéro, est le produit des six facteurs ci-après :

$$(x - 3).(x + 3).\left(x - \sqrt{-5 + \sqrt{-70}}\right).$$
$$\left(x + \sqrt{-5 + \sqrt{-70}}\right).\left(x - \sqrt{-5 - \sqrt{-70}}\right).$$
$$\left(x + \sqrt{-5 - \sqrt{-70}}\right).$$

2° Équation du n° 26.

$$x^3 - 2x = 56.$$

62. D'après le n° 51, cette équation est soluble ; et, d'après le n° 52, elle a au moins une racine positive.

Si elle en a de négatives, elles seront, d'après le n° 44, rendues positives par le changement des signes des termes $+ x^3$ et $- 2x$; et il viendra :

$$-x^3 + 2x = 56,$$

équation absurde : car elle donne :

$$2x > 56,$$
$$x^3 < 2x,$$
$$\text{ou } x^2 < 2,$$
$$\text{ou } x < \sqrt{2},$$
$$\text{et } 2\sqrt{2} > 56,$$

ce qui est impossible.

Mais pour savoir si elle n'a pas d'autre racine positive que 4, valeur que j'ai trouvée au n° 26, je la diviserai par $x - 4$, et j'aurai pour quotient :

$$x^2 + 4x = -14,$$

d'où $x = -2 \pm \sqrt{-14 + 4} = -2 \pm \sqrt{-10}$,

expression qui ne donne que deux racines imaginaires du 1er degré. L'équation proposée n'a donc que 4 pour racine réelle, et elle a deux facteurs imaginaires.

3° Équation du n° 27.

$$-x^3 + 11x^2 = 150.$$

63. J'en tirerai :

$$x^3 < 11x^2,$$
$$\text{ou } x < 11,$$
$$\text{et } 11x^2 > 150.$$

Mais il n'y a rien de contradictoire dans ces expressions ; et, d'ailleurs, j'ai trouvé (n° 27) que l'équation dont il s'agit a 5 pour racine positive.

Elle peut aussi avoir une racine négative : car en changeant le signe du terme x^3, j'aurai :

$$+ x^3 + 11 x^2 = 150,$$

équation qui remplit la condition indiquée dans le n° 51.

Ayant obtenu (n° 27), 5 pour racine positive, je diviserai $-x^3 + 11 x^2 - 150$, par $x - 5$, et j'aurai pour quotient, $-x^2 + 6x + 30$, dont je ferai :

$$x^2 - 6x = 30,$$

ce qui me donnera :

$$x = 3 \pm \sqrt{39}.$$

L'équation proposée a donc trois racines qui sont :

5, $(3 + \sqrt{39})$ et $(3 - \sqrt{39})$. Les deux premières sont positives, la 3ᵉ est négative.

4° Équation du n° 29.

$$x^3 + \frac{1}{2} x^2 + \frac{5}{2} x = 1,5$$

64. D'après le n° 51, elle n'est pas absurde ; et, d'après le n° 59, elle ne peut avoir qu'une racine positive. J'ai trouvé (n° 29) que cette racine est 0,5.

Pour savoir si elle peut en avoir de négative, je changerai les signes des termes qui ont un exposant impair, et j'aurai :

$$- x^3 + \frac{1}{2} x^2 - \frac{5}{2} x = 1,5,$$

$$\text{d'où} \quad \frac{1}{2} x > x^3 + \frac{5}{2} x,$$

$$\text{puis} \quad \frac{1}{2} > x^2 + \frac{5}{2},$$

et à plus forte raison, $\dfrac{1}{2} > \dfrac{5}{2}$.

Ce résultat est absurde. Donc l'équation proposée ne peut avoir qu'une racine réelle. En procédant comme à la fin du n° 62, on lui trouverait 2 facteurs imaginaires qui sont :

$$-\frac{1}{2}+\sqrt{-\frac{11}{4}},\text{ et}-\frac{1}{2}-\sqrt{-\frac{11}{4}}.$$

5° Équation du n° 31.

$$x^{\frac{5}{2}}+x^{\frac{4}{3}}=768.$$

65. D'après le n° 59, elle ne peut avoir qu'une seule racine positive, et j'ai trouvé qu'elle est 64. Elle ne peut en avoir de négative, attendu qu'une racine de ce genre rendrait imaginaire le terme $x^{\frac{5}{2}}$.

Procédés de détermination approximative des limites des racines d'une équation.

66. Pour pouvoir chercher, en même temps, toutes les racines de même signe d'une équation, il importe d'avoir des moyens expéditifs de détermination approximative de leurs limites. Ce à quoi il faut s'attacher, n'est pas tant d'obtenir des limites rigoureusement resserrées, que d'en obtenir de moins resserrées par des moyens prompts et faciles : vouloir pousser l'approximation trop loin, en cette matière, ce serait ajouter, à la question principale, des questions auxiliaires aussi compliquées qu'elle-même.

Je vais indiquer des moyens qui me paraissent réunir les conditions requises, tout en fournissant des limites plus rapprochées que celles qui sont données dans quelques traités d'Algèbre.

Je me servirai du signe $>$ pour signifier que la quantité qui est à droite est *à rendre plus grande* que celle qui est à gauche, et du signe $<$ pour signifier qu'elle est *à rendre plus petite*.

Il peut se présenter trois cas : ce sont ceux que j'ai relatés aux paragraphes 1°, 2° et 3° du n° 33.

1ᵉʳ CAS. — Équation dans laquelle tous les termes inconnus sont de même signe que le terme à égaler.

Soit l'équation :

$$x^4 + 4x^3 + 12x^2 + 20x = 1525.$$

67. Si je suppose toutes les puissances de x égales, je pourrai compter x^4 pour $1x$, $4x^3$ pour $4x$, $12x^2$ pour $12x$, ensemble $17x$ qui, avec les 20 du 4ᵉ terme, forment $37x$.

J'aurai donc :

$$37x = 1525,$$

$$\text{ou } x = \frac{1525}{37}.$$

Mais comme j'ai supposé $x^4 = x$, j'aurai aussi :

$$x^4 = \frac{1525}{37},$$

$$\text{ou } x = \sqrt[4]{\frac{1525}{37}}.$$

Ce sera la limite inférieure.

Il est bien entendu que, si au lieu d'avoir obtenu $\frac{1525}{37}$, qui est plus grand que l'unité, j'avais obtenu une quantité plus petite que l'unité, ç'aurait été x *, et non* x⁴ *, qu'il aurait fallu y égaler : car quand une racine est une fraction proprement dite, c'est la plus petite puissance qui est la plus forte en quantité.*

68. Quant à l'autre limite, je l'obtiendrai en faisant x^4 égal, à lui seul, au terme connu 1525. De cette manière, j'aurai :

$$x^4 = 1525,$$

$$\text{ou } x = \sqrt[4]{1525}.$$

Ce sera la limite supérieure.

69. *La limite inférieure s'obtient donc en faisant, selon le cas, l'inconnue affectée du plus haut exposant, ou l'inconnue affectée du petit exposant, égale au terme connu divisé par la somme des coefficiens ; et la limite supérieure, en faisant le terme affecté du plus haut exposant, égal, à lui seul, au terme connu.*

L'équation dont il s'agit ne peut avoir qu'une seule racine positive (n° 59), et elle est comprise entre :

$$\sqrt[4]{\frac{1525}{37}} \quad \text{et} \quad \sqrt[4]{1525}.$$

Mais, en un clin-d'œil, au moyen des logarithmes, je trouve que :

$$\sqrt[4]{\frac{1525}{37}} = 2,53, \text{ et } \sqrt[4]{1525} = 6,25.$$

La racine est donc plus grande que 2, 53, et plus petite que 6,25 : en effet, elle est 5.

Pour savoir s'il peut y avoir des racines négatives dans l'équation proposée, je changerai les signes des termes dont l'exposant est impair (n° 44), et j'obtiendrai celle qui fera l'objet du 2ᵉ cas.

2ᵉ CAS. — Équation dans laquelle le terme affecté du plus haut exposant est de même signe que le terme connu, sans que tous les termes inconnus soient de même signe.

70. Je reprends l'équation précédente, et j'y change les signes des termes qui ont un exposant impair, ce qui me donne :

$$x^4 + 12 x^2 - 4 x^3 - 20 x = 1525.$$

71. Pour obtenir la limite inférieure, je me fonderai sur ce que les deux premiers termes doivent dépasser les deux derniers de 1525 ; et doivent aussi, par conséquent, être au moins égaux à 1525. J'aurai donc une valeur trop petite en faisant :

$$x^4 + 12 x^2 \overset{r}{<} 1525 ;$$

et elle sera encore plus petite si je pose, comme je l'ai fait au n° 67 ;

$$x^4 = \frac{1525}{13},$$

$$\text{d'où } x = \sqrt[4]{\frac{1525}{13}}.$$

Ce sera la limite inférieure.

72. Pour obtenir la limite supérieure, j'égalerai l'équation à zéro, et je poserai ensuite :

$$x^4 + 12\,x^2 - 4\,x^3 - 20\,x - 1525 > 0.$$

Je décomposerai cette expression comme ci-après :

$$(x \times x \times x \times x) + (\sqrt{12} \times \sqrt{12} \times x \times x) - (4 \times x \times x \times x)$$

$$- (\sqrt[3]{20} \times \sqrt[3]{20} \times \sqrt[3]{20} \times x) - (\sqrt[4]{1525} \times \sqrt[4]{1525} \times$$

$$\sqrt[4]{1525} \times \sqrt[4]{1525}) > 0.$$

Si je suppose x égal au plus grand facteur numérique, qui est $\sqrt[4]{1525}$, je reconnaîtrai, *à vue d'œil*, que le 2ᵉ terme compensera, et au-delà, le 4ᵉ ; et que le 1ᵉʳ compensera le 5ᵉ. Il ne restera donc à compenser que le 3ᵉ ; mais il sera aussi compensé par le 1ᵉʳ, qui contient le plus grand nombre de fois x pour facteur, si je fais $x = \sqrt[4]{1525} + 1$.

Ce sera la limite supérieure.

73. *Ainsi, la limite inférieure s'obtient en divisant le terme connu par la somme des coefficiens des termes inconnus de même signe que lui, pour attribuer le quotient à l'inconnue affectée du plus haut ou du plus faible exposant (n° 67) parmi les termes dont il s'agit ; la limite supérieure, en divisant chaque coefficient en autant de facteurs égaux qu'il manque d'unités à l'exposant du terme auquel il appartient, pour atteindre le plus haut exposant ; et le terme connu en autant de facteurs égaux qu'il y a d'unités dans le*

degré de l'équation ; puis, en prenant x *égal au plus grand facteur numérique à compenser, augmenté d'autant d'unités qu'il y a de termes qui ne sont pas compensés.*

OBSERVATION. — S'il y avait des exposans fractionnaires, ce ne serait pas un obstacle : car on pourrait les convertir aux mêmes dénominateurs, et se guider sur les numérateurs pour la formation des facteurs numériques.

3ᵉ CAS. — Équation dans laquelle le terme affecté du plus haut exposant est de signe contraire à celui du terme à égaler.

Suit l'équation :

$$- x^4 - 2x^2 + 8x^3 + 10x = 375.$$

74. Pour obtenir la limite inférieure des racines positives, je me guiderai sur ce que les deux derniers termes doivent être au moins égaux à 375. J'aurai donc une valeur de x trop petite en faisant :

$$8x^3 + 10x < 375,$$

et elle sera encore plus petite en posant, comme je l'ai fait au n° 67 :

$$x^3 = \frac{375}{18},$$

$$\text{d'où } x = \sqrt[3]{\frac{375}{18}}.$$

Ce sera la limite inférieure.

75. Quant à la limite supérieure, elle doit être telle qu'elle fasse les deux premiers termes au moins égaux aux deux derniers : car, alors, toute quantité ajoutée à x ne ferait que donner un excès aux deux premiers termes sur les deux derniers, tandis que c'est le contraire qu'exige l'équation.

Je poserai donc :

$$x^4 + 2x^2 \overset{r}{>} 8x^3 + 10x.$$

Décomposant en facteurs du même genre que ceux du n° 72, j'aurai :

$$(x \times x \times x \times x) + (\sqrt{2} \times \sqrt{2} \times x \times x) \overset{r}{>} (8 \times x \times x \times x)$$
$$+ (\sqrt[3]{10} \times \sqrt[3]{10} \times \sqrt[3]{10} \times x).$$

Attribuant à x la valeur du plus grand facteur numérique qui est 8 ; le 1er terme du second membre sera compensé par le 1er du 1er membre ; mais le 2e du second membre ne le sera pas par le 2e du premier membre. Je ferai, dès-lors, $x = 8 + 1$.

Ce sera la limite supérieure.

76. *Ainsi la limite inférieure s'obtient en divisant le terme connu par la somme des coefficiens des termes inconnus de même signe que lui, pour attribuer le quotient à l'inconnue affectée du plus haut ou du plus faible exposant (n° 67) parmi les termes dont il s'agit ; la limite supérieure, en divisant chaque coefficient en autant de facteurs égaux qu'il manque d'unités à l'exposant du terme auquel il appartient pour atteindre le plus haut exposant ; puis, en prenant x égal au plus grand facteur numérique à compenser, augmenté d'autant d'unités qu'il y a de termes qui ne sont pas compensés.*

Quant à des racines négatives, l'équation proposée ne peut en avoir : car en changeant les signes des termes qui ont un exposant impair, tous les termes inconnus seraient de signe contraire à celui du terme à égaler.

Procédés pour chercher en même temps toutes les racines de même signe d'une équation.

77. Pour parvenir à trouver, en même temps, toutes les racines de même signe d'une équation, on peut essayer tous les

nombres entiers compris entre les limites obtenues par les procédés que je viens d'indiquer; et, si les racines sont commensurables en nombres entiers, on les trouvera toutes. Si elles ne sont pas commensurables en nombres entiers, on pourra avoir, par les essais précités, des résultats plus grands et des résultats plus petits que le terme à égaler, entre lesquels il y aura des racines fractionnaires qu'on obtiendra par le procédé du n° 23.

78. Mais si les racines ne différaient entre elles que de moins d'une unité, l'essai des nombres entiers pourrait ne pas donner d'indices suffisans relativement à toutes les racines. On aurait, alors, la ressource de faire des divisions par 2 entre les résultats donnés par les nombres entiers; et, au besoin, celle de prendre, pour inconnue, la différence entre les racines. Ce dernier moyen, serait, toutefois, pour arriver à la solution d'une question, faire naître une question incidente plus compliquée que la principale.

79. Il est à remarquer, d'un autre côté, qu'il peut exister un grand écart entre les limites des racines; et, s'il était de 100 unités seulement, où mèneraient les essais de nombres entiers compris dans cet écart, sans compter ceux qu'il pourrait y avoir à faire entre les résultats qu'ils auraient produits? On n'en sortirait pas! Aussi répéterai-je ce que j'ai dit à la fin du n° 35, que la méthode des divisions par x moins une racine me paraît être ce qu'il y a de préférable : elle conduit, du reste, directement à la connaissance des racines égales, des facteurs de degré pair, et des facteurs imaginaires. Il est vrai que, pour pouvoir effectuer la division par x moins une racine, il faut, d'abord, en obtenir une. Mais je crois qu'il sera reconnu que, par ma méthode, c'est un but qu'il est facile d'atteindre.

Équations à plusieurs inconnues.

80. L'Algèbre donne des méthodes pour effectuer l'élimination des inconnues entre les équations de degrés supérieurs. Je

n'ai rien à y ajouter. Je ferai seulement observer que l'équation finale est, ordinairement, d'un degré considérable, et de termes nombreux et variés, si bien que, par les méthodes en vigueur de détermination des racines, on aurait des opérations si colossales à exécuter pour arriver à la solution, qu'on devrait y renoncer. Par ma méthode, il n'en serait pas de même : l'extraction pourrait avoir lieu.

Indication d'une formule applicable aux équations littérales.

81. On a pu remarquer qu'après avoir dégagé de son coefficient le terme dont l'exposant est le plus élevé (n° 19), rendu le terme connu positif (n° 13), et changé, au besoin (n° 44), les signes des termes qui ont un exposant impair, trois choses m'ont été nécessaires, en sus du terme connu, pour obtenir une racine :

1° La connaissance des signes définitifs,

2° Celle des coefficiens réduits,

3° Enfin celle des exposans.

Au moyen de ces trois choses, et du terme connu, on peut toujours arriver, pourvu, bien entendu, que l'équation ne soit pas absurde, à déterminer une racine ; et, ensuite, à déterminer toutes les autres, s'il en existe.

82. Mais, en Algèbre, on considère, comme quantité connue, toute expression qui n'indique que des opérations connues à effectuer sur des quantités connues ; et puisque l'extraction complexe de racine est, maintenant, par ma méthode, possible dans tous les cas non-absurdes, et même facile, si j'entoure le terme connu d'une équation complexe de degré supérieur, des trois choses que j'ai précisées (n° 81), cette expression devra être, elle-même, considérée comme une quantité connue.

83. Ainsi ; soit l'équation :

$$Bx^h - Dx^m + Ex^v = A,$$

dans laquelle toutes les lettres autres que x représentent des quantités connues. Si je suppose qu'après avoir dégagé de son coefficient le terme Bx^h, qui est censé contenir le plus haut exposant de l'inconnue, le coefficient du second terme devienne R; que celui du troisième terme devienne S; et que le terme connu devienne T; à son tour l'équation deviendra :

$$x^h - Rx^m + Sx^n = T.$$

84. Ne pourrai-je pas ensuite écrire :

$$x = \sqrt{\overset{h}{1} - \overset{m}{R} + \overset{n}{S} \over T} \quad ?$$

Cette expression renferme tout ce qui est nécessaire (n° 81) pour arriver à la connaissance de toutes les racines de l'équation.

Je l'énoncerai comme il suit :

x égale racines h sur 1, m sur $-R$, n sur $+S$, à extraire de T.

85. Si j'applique cette formule à l'équation du n° 36, et qui est :

$$x^3 - 19\,x^2 + 120\,x = 252,$$

j'aurai :

$$x = \sqrt{\overset{3}{1} - \overset{2}{19} + \overset{1}{120} \over 252}$$

Résolvant, j'obtiendrai :

$$\sqrt{\overset{3}{1} - \overset{2}{19} + \overset{1}{120} \over 252} = \begin{cases} 6 \\ 6 \\ 7 \end{cases}$$

L'accolade indique que les valeurs qu'elle embrasse peuvent alternativement satisfaire à l'équation.

86. Il est à remarquer que cette formule, que j'appellerai *radical complexe*, est susceptible d'addition, de soustraction, de multiplication, de division, d'élévation aux puissances, et d'ex-

traction de racines, tout comme les autres expressions algébriques ; et peut, par conséquent, entrer comme elles dans les calculs ; exemples :

Addition à A :

$$A + \sqrt{\dfrac{\overset{h}{1} - \overset{m}{R} + \overset{n}{S}}{T}} \quad ;$$

Soustraction de A :

$$A - \sqrt{\dfrac{\overset{h}{1} - \overset{m}{R} + \overset{n}{S}}{T}} \quad ;$$

Multiplication par A :

$$A \sqrt{\dfrac{\overset{h}{1} - \overset{m}{R} + \overset{n}{S}}{T}} \quad ;$$

Division par A :

$$\dfrac{1}{A} \sqrt{\dfrac{\overset{h}{1} - \overset{m}{R} + \overset{n}{S}}{T}} \quad ;$$

Élévation à la puissance $m^{\text{ème}}$:

$$\sqrt{\dfrac{\overset{h}{1} - \overset{m}{R} + \overset{n}{S}}{T}}^{\,m} \quad ;$$

Extraction de la racine $m^{\text{ème}}$:

$$\sqrt[m]{\dfrac{\overset{h}{1} - \overset{m}{R} + \overset{n}{S}}{T}}$$

RÉSUMÉ.

87. Je crois avoir, maintenant, scrupuleusement rempli toutes les promesses que j'ai faites en débutant. Je me résumerai donc en disant que ma méthode n'est, au fond, que la mise à profit :

1° De la propriété que possèdent les logarithmes de représenter les diverses puissances d'une même racine, quand ils sont pris proportionnellement aux exposans ; et de maintenir la relation qui existe entre ces diverses puissances, quand ils sont augmentés ou diminués aussi proportionnellement aux exposans ;

2° De celle que possèdent les nombres de croître ou de décroître rapidement par le moyen de multiplications ou de divisions successives par 2 ;

Enfin, il s'y ajoute les moyens que j'ai donnés, de reconnaître quand une équation est absurde, ou quand elle ne l'est pas ; quand elle ne peut avoir qu'une racine, ou quand elle peut en avoir plusieurs ; puis des procédés pour déterminer approximativement les limites des racines.

88. Mais en utilisant les propriétés, moyens et procédés précités, l'extraction des racines des équations les plus compliquées qu'on puisse imaginer, se trouve réduite aux proportions des plus simples règles de l'Arithmétique ; aussi je me plais à penser que ma méthode est un germe qui, planté dans le champ des sciences exactes, pourra produire quelques fruits.

TABLE.

	NUMÉROS.
Préambule..	1 à 6
Equation incomplexe (sa définition)................................	7
Equation complexe (sa définition).................................	7
Emploi des logarithmes comme moyen de résolution des équations complexes..	10 et 11
Manière d'assigner provisoirement une valeur convenable à un des termes inconnus......	12
Le terme connu doit toujours être rendu positif......................	13
Manière d'effectuer les calculs indiqués par les signes des termes de l'équation.	15 et 16
Manière de représenter les fractions par les logarithmes..................	15
Indication de signes à employer...................................	15, 20, 21 et 66
Manière de ramener promptement, à ce qu'elle doit être, la valeur provisoirement attribuée à un terme inconnu......	17
Une racine, au minimum, est entre deux résultats contraires.............	18
Résolution d'une équation dans laquelle tous les termes sont de même signe que le terme à égaler....................................	19 à 25
Résolution d'une équation dans laquelle le terme inconnu affecté du plus haut exposant, est de même signe que le terme connu, sans que tous les termes inconnus soient de même signe..................................	25 et 26
Dans les équations où tous les termes ne sont pas de même signe, une multiplication par 2 ne donne pas toujours un résultat plus grand, ni une division par 2, un résultat plus petit....................................	25 et 27
Résolution d'une équation dans laquelle le terme inconnu affecté du plus haut exposant, est de signe contraire à celui du terme connu, mais dans laquelle il y a au moins un terme inconnu de même signe que le terme à égaler...	27
Résolution d'une équation qui a des coefficiens fractionnaires.............	28 et 29
On obtient tout aussi facilement les racines quand elles sont plus petites que l'unité, que quand elles sont plus grandes......................	30
Résolution d'une équation dans laquelle il y a des exposans fractionnaires....	31
Extraction des diverses racines positives que peut avoir une même équation....	34
Toute équation est exactement divisible par x moins une de ses racines......	35
Manière d'obtenir les diverses racines approchées........	40
Extraction des racines négatives que peut avoir une équation..............	41 à 46
Manière de rendre positives, les racines négatives.....................	43 et 44
Résolution des équations dans lesquelles tous les termes inconnus sont de signe contraire à celui du terme connu...........................	45
Manière de reconnaître quand une équation est absurde, ou quand elle ne l'est pas.	51 à 56
Extraction des facteurs de degré pair et des facteurs imaginaires...........	57
Manière de reconnaître quand une équation ne peut avoir qu'une racine, ou quand elle peut en avoir plusieurs..............................	58 à 60
Application des procédés des deux articles précédens à diverses équations....	61 à 65
Procédés de détermination approximative des limites des racines...........	66 à 76
Procédés pour obtenir en même temps toutes les racines de même signe d'une équation..	77
Equations à plusieurs inconnues...................................	80
Indication d'une formule applicable aux équations littérales................	81 à 85
Radicaux complexes...	86
Résumé...	87 et 88

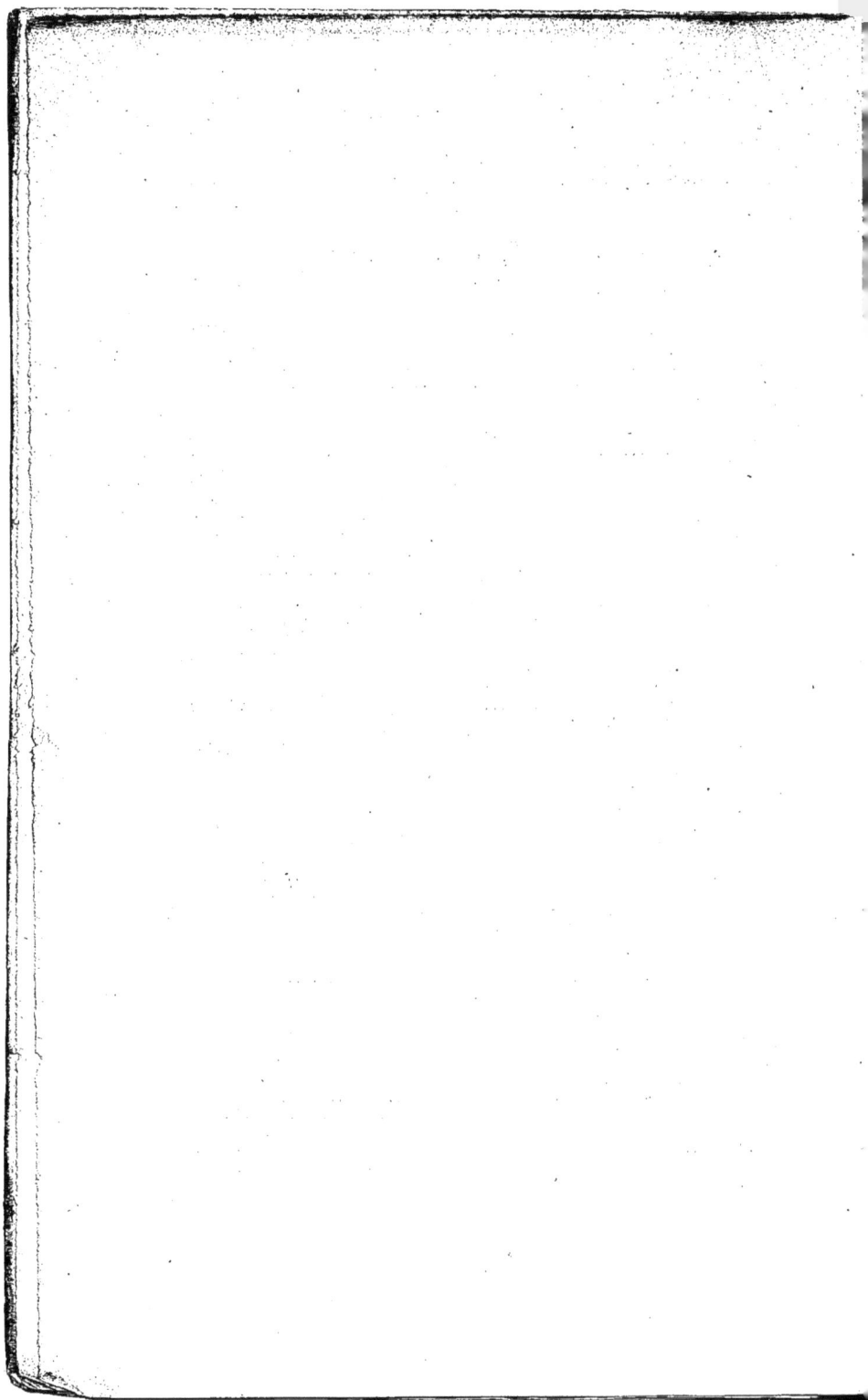

CADRE 1.

$$x^3 + x^2 + 5x^2 = 855$$

				$log\ 5 = 0,69897$
				$log\ 855 = 2,93197$

D	$+2,93197$	$+1,45763$	$1,65626 + 855$. R $= 992.54.l = 0,48866$. V $= 3,08$	
S	$0,30103$	$0,20069$	$0,10031$	
D'	$2,63094$	$1,79896$	$1,57595$	R' $= 521,92. l' = 0,43849$. V' $= 2,75$

$$x = 3 \dots 729 + 81 + 45 = 855$$

Report... D'	$2,63094$	$1,75396$	$1,57595 \dots$ R' $= 521,92. l' = 0,43849$. V' $= 2,75$
A	$0,15051$	$0,10034$	$0,05017$
D''	$2,78145$	$1,85430$	$1,62612 \dots$ R'' $= 718,35. l'' = 0,46357$. V'' $= 2,91$
A'	$0,07526$	$0,05017$	$0,02509$
D'''	$2,85671$	$1,90447$	$1,65121 \dots$ R''' $= 844,01. l''' = 0,47612$. V''' $= 2,99$
A''	$0,03763$	$0,02509$	$0,01254$
D^{IV}	$2,89434$	$1,92956$	$1,66375 \dots$ R^{IV} $= 915,17. l^{IV} = 0,48239$. V^{IV} $= 3,04$
S'	$0,01881$	$0,01254$	$0,00627$
D^V	$2,87553$	$1,91702$	$1,65748 \dots$ R^V $= 878.86. l^V = 0,47925$. V^V $= 3,01$

CADRE 2.

$$x^3 - 2x = 56.$$

			$log\ 2 = 0,30103$
			$log\ 56 = 1,74819$

D	$+1,74819$	$-0,88376 = 56$. R $= 48,35. l = 0,58273$. V $= 3,83$
A	$0,30103$	$0,10034$
D'	$2,04922$	$0,98410 \dots$ R' $= 102,36. l' = 0,68307$. V' $= 4,82$

$$x = 4 \dots 64 - 8 = 56.$$

CADRE 3.

$$-x^3 + 11x^2 = 150.$$

			$log\ 11 = 1,04139$
			$log\ 150 = 2,17609$

D	$-1,70205$	$+2,17609 = 150$. R $= 99.64. l = 0,56735$. V $= 3,69$
A	$0,30103$	$0,20069$
D'	$2,00308$	$2,37678 \dots$ R' $= 137.40. l' = 0,66769$. V' $= 4,76$
A'	$0,30103$	$0,20069$
D''	$2,30411$	$2,57747 \dots$ R'' $= 176.56. l'' = 0,76804$. V'' $= 5,86$

$$x = 5 \dots -125 + 275 = 150.$$

CADRE 4.

$$x^3 + \frac{1}{2}x^2 + \frac{5}{2}x = 1,5.$$

			$log\ \frac{1}{2} = 0,\overline{3}0103$
			$log\ \frac{5}{2} = 0,39794$
			$log\ 1,5 = 0,17609$

D	$+0,17609$	$+0,\overline{1}8364$	$+0,\overline{1}5664 = 1,5$. R $= 5,017. l = 0,05870$. V $= 1,145$
S	$0,30103$	$0,20069$	$0,10034$
D'	$0,\overline{1}2494$	$0,\overline{1}8433$	$0,\overline{1}5630 \dots$ R' $= 3,433. l' = 0,04165$. V' $= 0,908$
S'	$0,30103$	$0,20069$	$0,10034$
D''	$0,42597$	$0,\overline{1}8502$	$0,25596 \dots$ R'' $= 2,438. l'' = 0,\overline{1}4199$. V'' $= 0,721$
S''	$0,30103$	$0,20069$	$0,10034$
D'''	$0,72700$	$0,\overline{1}8571$	$0,15562 \dots$ R''' $= 1,781. l''' = 0,\overline{1}2433$. V''' $= 0,572$
S'''	$0,30103$	$0,20069$	$0,10034$
D^{IV}	$1,02803$	$0,\overline{1}8640$	$0,05528 \dots$ R^{IV} $= 1,332. l^{IV} = 0,\overline{1}4268$. V^{IV} $= 0,454$

$$x = 5 \dots 0,125 + 0,125 + 1,250 = 1,500.$$

CADRE 5.

$$x^{\frac{3}{2}} + x^{\frac{1}{2}} = 768.$$

		$log\ 768 = 2,88536$

D	$+2,88536$	$+2,56476 = 768$. R $= 1135,08. l = 1,92357$. V $= 83,86$
S	$0,30103$	$0,26758$
D'	$2,58433$	$2,29718 \dots$ R' $= 584,24. l' = 1,72289$. V' $= 52,83$
A	$0,15051$	$0,13379$
D''	$2,73484$	$2,43097 \dots$ R'' $= 812,81. l'' = 1,82323$. V'' $= 66,56$
S'	$0,07526$	$0,06689$
D'''	$2,65958$	$2,36408 \dots$ R''' $= 687,89. l''' = 1,77305$. V''' $= 59,30$
A'	$0,03763$	$0,03345$
D^{IV}	$2,69721$	$2,39753 \dots$ R^{IV} $= 747,75. l^{IV} = 1,79814$. V^{IV} $= 62,83$
A''	$0,01881$	$0,01672$
D^V	$2,71602$	$2,41425 \dots$ R^V $= 779,59. l^V = 1,81068$. V^V $= 64,66$
S''	$0,00941$	$0,00836$
D^{VI}	$2,70661$	$2,40589 \dots$ R^{VI} $= 763,50. l^{VI} = 1,80441$. V^{VI} $= 63,74$

$$x = 64 \dots 512 + 256 = 768.$$

CADRE 6.

$$x^3 - 19x^2 + 120x = 252.$$

$$\log 19 = 1{,}27875$$
$$\log 120 = 2{,}07918$$
$$\log 252 = 2{,}40140$$

D| +2,40140 | −2,87968 | +2,87965 = 252. R = 251,96. l = 0,80047. V = 6,32
...6 − 684 + 720 = 252.

CADRE 7.

$$
\begin{array}{l|l}
x^3 - 19x^2 + 120x - 252 & x - 6 \\
-x^3 + 6x^2 & \overline{x^2 - 13x + 42} \\
\hline
0 - 13x^2 + 120x - 252 & \\
 + 13x^2 - 78x & \\
\hline
0 + 42x - 252 & \\
 - 42x + 252 & \\
\hline
0 \qquad 0 &
\end{array}
$$

CADRE 8.

$$x^2 - 13x = -42,$$
$$x = 6 + \tfrac{1}{2} \pm \sqrt{-42 + \left(6 + \tfrac{1}{2}\right)^2},$$
$$x = 6 + \tfrac{1}{2} \pm \tfrac{1}{2},$$
$$x = 7 \ \text{ou} \ 6.$$

CADRE 9.

$$-x^3 - 12x^2 - 47x = 60.$$
$$x^3 - 12x^2 + 47x = 60.$$

$$\log 12 = 1{,}07918$$
$$\log 47 = 1{,}67210$$
$$\log 60 = 1{,}77815$$

D)	+1,77815	−2,26461	+2,26482 = 60. R = 60,09. l = 0,59272. V = 3,92
S	0,30103	0,20069	0,10034
D'	1,47712	2,06392	2,16448..... R' = 60,18. l' = 0,49237. V' = 3,11
S'	0,30103	0,20069	0,10034
D''	1,17609	1,86323	2,06414..... R'' = 57,96. l'' = 0,39203. V'' = 2,47

$$x = 3 \ldots\ldots 27 - 108 + 141 = 60.$$

D	1,77815	2,26461	2,26482..... R = 60,09. l = 0,59272. V = 3,92
A	0,30103	0,20069	0,10034
D'''	2,07918	2,46530	2,36516..... R''' = 59,88. l''' = 0,69306. V''' = 4,93

$$x = 4 \ldots\ldots 64 - 192 + 188 = 60.$$

CADRE 10.

$$
\begin{array}{r}
x - 3 \\
x - 4 \\
\hline
x^2 - 3x \\
-4x + 12 \\
\hline
x^2 - 7x + 12.
\end{array}
$$

$$
\begin{array}{l|l}
x^3 - 12x^2 + 47x - 60 & x^2 - 7x + 12. \\
-x^3 + 7x^2 - 12x & \overline{x - 5.} \\
\hline
0 - 5x^2 + 35x - 60 & \\
 + 5x^2 - 35x + 60 & \\
\hline
0 \qquad 0 \qquad 0 &
\end{array}
$$